探索百科丛书

恐龙星球
Dinosaur

崔钟雷　主编

恐龙兴衰

黑龙江美术出版社

图书在版编目(CIP)数据

恐龙星球. 恐龙兴衰 / 崔钟雷编. -- 哈尔滨：黑
龙江美术出版社，2016.12
　(探索百科丛书)
　ISBN 978-7-5318-8479-8

　Ⅰ．①恐…　Ⅱ．①崔…　Ⅲ．①恐龙－青少年读物
Ⅳ．①Q915.864-49

中国版本图书馆 CIP 数据核字（2016）第 303821 号

书　　　名 / **恐龙兴衰**

主　　　编 / 崔钟雷
策　　　划 / 钟　雷
副 主 编 / 王丽萍　姜丽婷　张文光
责任编辑 / 林宏海
装帧设计 / 稻草人工作室
出版发行 / 黑龙江美术出版社
地　　　址 / 哈尔滨市道里区安定街 225 号
邮政编码 / 150016
编辑版权热线 / （0451）55174988
销售热线 / 4000456703 　（0451）55183001
网　　　址 / www.hljmscbs.com
经　　　销 / 全国新华书店

印　　　刷 / 洛阳和众印刷有限公司
开　　　本 / 889mm×1194mm　1/16
印　　　张 / 5.5
字　　　数 / 160 千字
版　　　次 / 2016 年 12 月第 1 版
印　　　次 / 2019 年 8 月第 2 次印刷
书　　　号 / ISBN 978-7-5318-8479-8
定　　　价 / 65.80 元

前言

物竞天择，适者生存，这是大自然的法则。

恐龙，地球陆地生态系统曾经的统治者。恐龙出现于两亿三千万年前，在一次大灭绝"扫荡"地球生态之后，恐龙逐渐成为无可匹敌的陆地霸主。但在六千五百万年前，它们成为了另一次大灭绝事件的"受害者"。恐龙从此销声匿迹，它们在生命长河中开创的辉煌历史也被岁月的风沙掩埋。

时至今日，恐龙时代已经成为过去，只有恐龙化石还尘封着那个时代的记忆。借助多种高科技手段，人们终于揭开了恐龙的神秘面纱。形形色色的恐龙各有特点，它们或凶残，或温顺，或外形奇怪，或集群活动，或身怀绝技，或力大无比，它们依靠自己的"一技之长"在生命的舞台上占据了一席之地。

你想了解恐龙进化的来龙去脉吗？你想知道恐龙的特殊习性吗？你想成为恐龙"百事通"吗？《探索百科丛书·恐龙星球》有详尽的恐龙科普知识，可以满足你对恐龙的好奇心。逼真的场景、传神的恐龙复原图，用炫酷的方式向你介绍新鲜的恐龙科普知识，让你领略昔日霸主的风采。本套丛书装帧精美、图文并茂、设计新颖、分类清晰，给你全新的阅读体验，让你在惊喜之余，走进梦幻般的恐龙王国，探秘这些史前霸主的非凡生命。

编　者

目录

6 地球的形成

8 辽阔的海洋

10 大陆板块

12 岩石的记忆

14 原始生命

16 寒武纪生命大爆发

18 征服陆地

20 古生代末期生物大灭绝

22 爬行动物兴起

24 恐龙时代来临

26 三叠纪

28 侏罗纪

30 白垩纪

32 恐龙的名字

34 恐龙的命名

36 陆地霸主

38 空中之王

40 海洋领主

42 肉食性恐龙

44 尖牙和利爪

46 植食性恐龙

48 抵御猎食者

50 杂食性恐龙

52 求偶方式

54 哺育后代

56 恐龙的交流方式

58 恐龙的体形

60 恐龙的智力

62 恐龙的骨骼

64 恐龙的感官

66 恐龙的皮肤

68 恐龙的颜色

70 恐龙时代的终结

72 小行星撞地球

74 火山喷发

76 气候骤变

78 食物中毒

80 物种争斗

82 综合原因

84 争论仍在继续

86 恐龙化石

88 词汇表

地球的形成

关于地球的形成过程，目前比较权威的理论认为，在太阳系形成初期，太阳星云中 99% 的物质在引力作用下向中间汇聚形成了太阳，分离出来的物质经过碰撞形成了围绕太阳旋转的行星，地球便是其中之一。

地球表面

最初，地球表面满是熔岩，熔岩凝固形成岩石后，地表慢慢出现了原始海洋。

形成过程

比重大的元素向地球中心汇聚形成地核，比重小的元素上浮形成了地幔和地壳。

地球的年龄

地球的年龄约为 46 亿年，这段时间包括了地球从太阳星云中分离出来、形成一个行星、发展至今的全过程。

形状

地球是一个两极略扁、赤道略鼓的椭球体。

地球的位置和大小

地球在太阳系中按离太阳由近及远的次序排列为第三颗。地球总面积约为 5.100 72 亿平方千米。

辽阔的海洋

地球形成之后，随着时间的推移，地球的温度慢慢冷却下来，大气层的温度也逐渐下降，火山蒸汽逐渐凝结成液态，并以雨水的形式降下，形成了一次大暴雨。这场暴雨持续了上百万年之久。彗星和小行星的不断撞击，也为地球带来了水体，各种形式的水汇集到地表，形成了原始的海洋。

海洋的含义

我们所说的海洋是"海"和"洋"的总称。人们将那些在地球上占很大面积的咸水水域称为"洋"，把大陆边缘的水域称为"海"。

海洋的变迁

原始海洋中的海水并不是咸的。陆地盐分随河水进入海洋，而海洋中的水分不断蒸发，海水盐分逐渐增多。经过上亿年的积累，海水就变咸了。

海洋面积

现今地球上有71%的面积被海洋覆盖。海洋的总面积大约为3亿5 525万5千平方千米。

大陆板块

大陆漂移学说认为,地球陆地原来是连成一片的泛大陆。但是,地球表面的岩石圈并非整体一块。三叠纪时期,泛大陆开始解体。后来又经过了上亿年的演变,成片陆地进一步分裂和漂移,形成了六大板块。

板块运动

相邻板块之间的运动是细微的,但长时间的积累让地球的面貌发生了巨大变化。

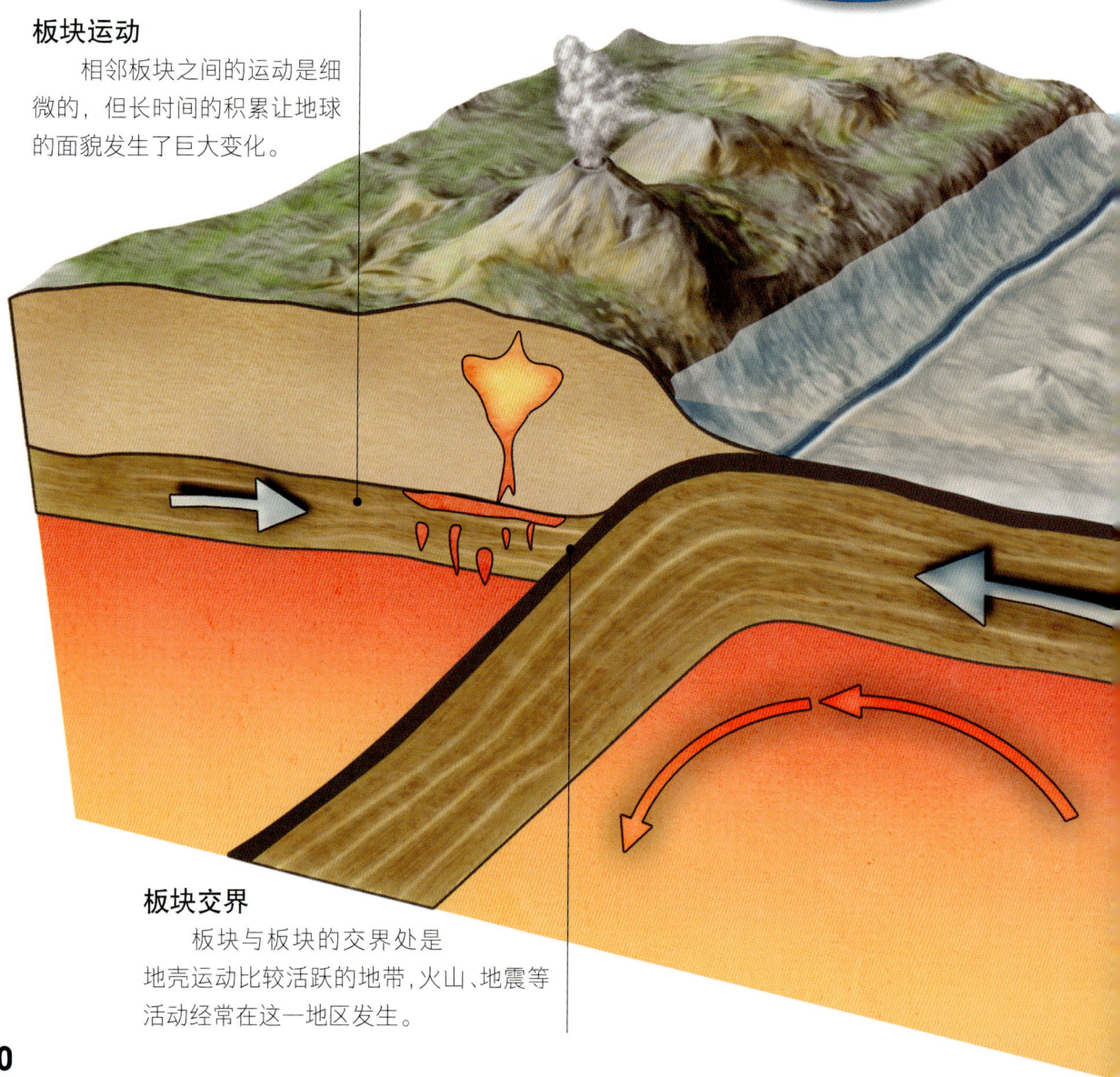

板块交界

板块与板块的交界处是地壳运动比较活跃的地带,火山、地震等活动经常在这一地区发生。

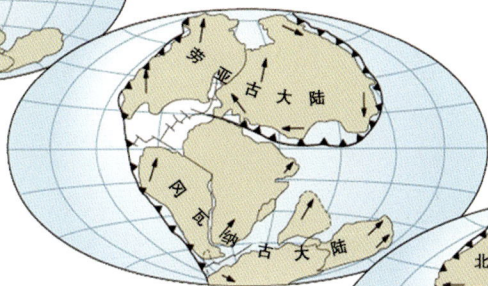

泛大洋

盘大陆

劳亚古大陆

冈瓦纳古大陆

北美洲　欧洲　亚洲

非洲

印度

南美洲

澳大利亚

南极洲

亚欧板块

美洲板块

太平洋板块

非洲板块

太平洋板块

印度洋板块

南极洲板块

作用

板块运动能够促进各种物质在地球的表面和内部之间循环，使地球的环境更加适合生物生存。

猜测

随着板块运动的进行，如今的六大板块或许在未来还会发生巨大的变化。

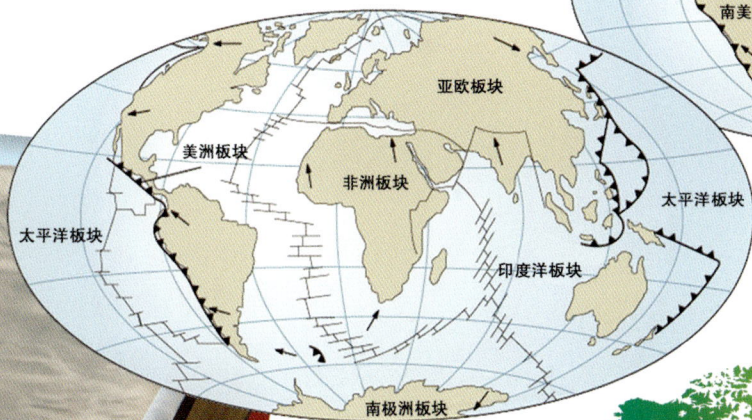

板块运动的影响 >>>>

板块运动对地球有极大的影响，它使得地球的地形富于变化，一些地方高耸入云，另一些地方深不见底。

持续

板块运动一直在持续，且多数板块运动是人类无法察觉的。

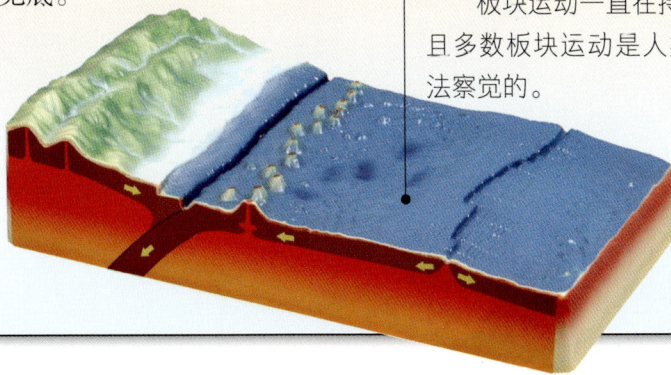

岩石的记忆

　　地球上的生物和环境痕迹会在水流、风力等作用下保存在沉积岩中,沉积岩也因此被誉为历史的"纪录片"。沉积岩形成于地表不太深的地方,是风化物、火山喷发物、生物骨骼等物质经过水流或冰川的搬运、沉积、成岩作用形成的岩石。

沉积岩

　　沉积岩又叫水成岩,是组成地球岩石圈的主要岩石之一。在地表,有 70% 的岩石是沉积岩。

研究意义 ▶▶▶

　　沉积岩可以记录下岩石沉积时的气候状况,同时,其中的化石记录下了当时动植物的种类。

"千层糕"

　　像"千层糕"一样堆积的岩石,每一层都饱含不同年代的地理信息。

历史久远

沉积岩不仅分布极为广泛，而且记录着地壳漫长的演变过程。地球形成已有46亿年，而地质学家推测，最古老的沉积岩历史已经达到36亿年。

原始生命

存在于早期海洋中的有机分子经过长期的自动聚集，形成了独立的多分子体系，在向更高级、更完善的方向发展的过程中，最终形成了具有原始新陈代谢功能和能够繁殖的原始生命。

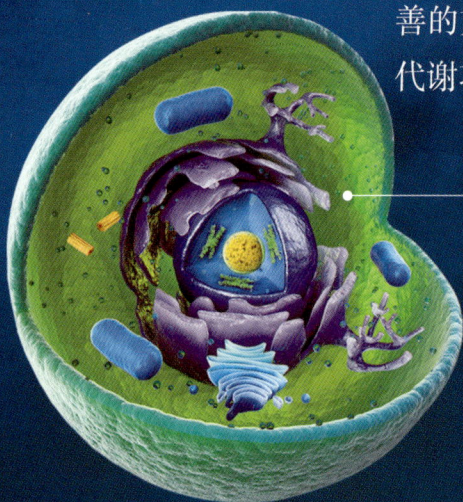

单细胞生物

单细胞生物是出现最早，同时也是最低等、最原始的生物。

进化历程

大约 10 亿年前，多细胞生物在海洋中出现。经历了由简单到复杂的进化过程后，在大约 6 亿年前，海洋生命形态逐渐丰富起来。

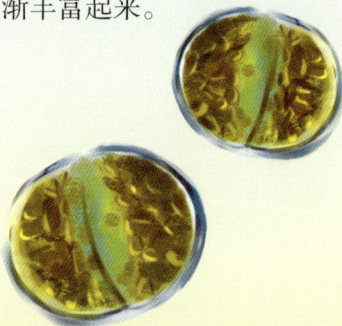

新的突破

大约 5.8 亿年前，氧气的积累造就了臭氧层，地球环境正在发生翻天覆地的变化。

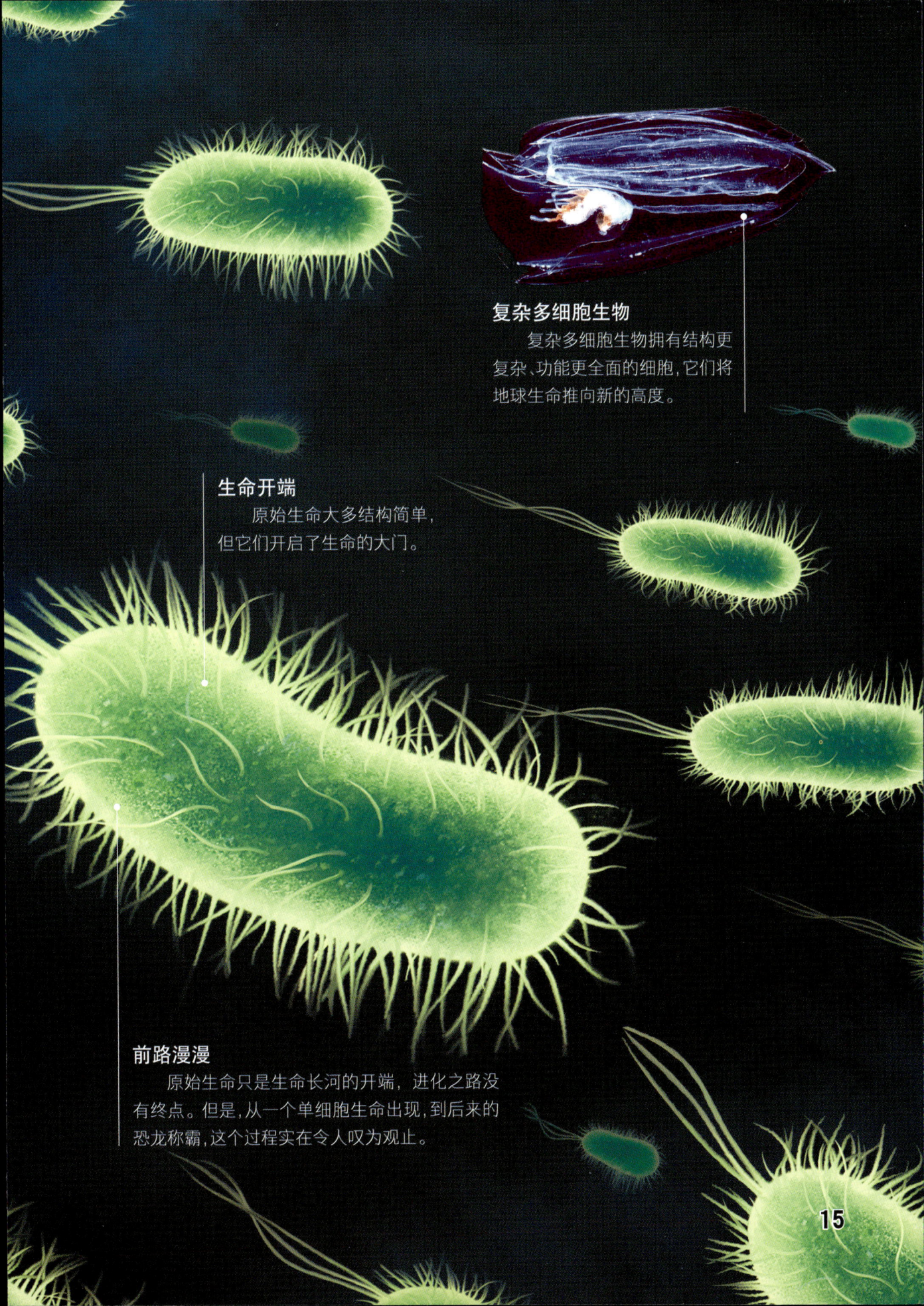

复杂多细胞生物

　　复杂多细胞生物拥有结构更复杂、功能更全面的细胞,它们将地球生命推向新的高度。

生命开端

　　原始生命大多结构简单,但它们开启了生命的大门。

前路漫漫

　　原始生命只是生命长河的开端,进化之路没有终点。但是,从一个单细胞生命出现,到后来的恐龙称霸,这个过程实在令人叹为观止。

15

寒武纪生命大爆发

在地球形成的前几十亿年的时间里，地球上的生命进化过程十分缓慢。但是到了 5.3 亿年前的寒武纪时期，生命进化出现了飞跃式发展。在两千万年的时间里，生命不仅大量出现，而且还呈现出多样性特点。

"集体亮相"

地球上现存大多数动物种类在寒武纪时期"集体亮相"，动物种类之丰富，令人称奇。

达尔文的解释

达尔文认为寒武纪生物一定是经过漫长进化发展而来的，寒武纪生物出现的"突然性"，是古老地层被海洋侵蚀，导致前寒武纪生物化石缺失造成的。

重要意义

寒武纪生命大爆发为生命的进化奠定了更坚实的基础，为生命向更高级的形态进化提供了可能。

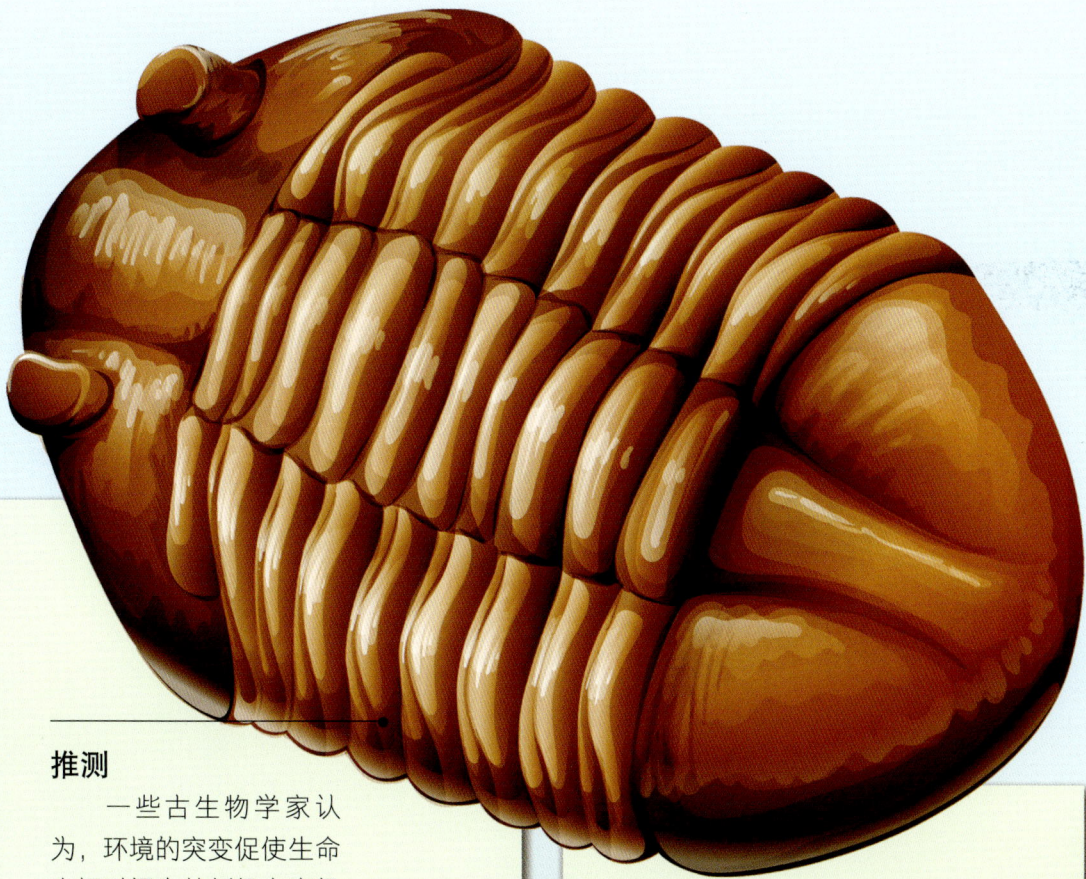

推测
　　一些古生物学家认为，环境的突变促使生命在短时间内从低级向高级进化，从而催生了寒武纪生命大爆发。

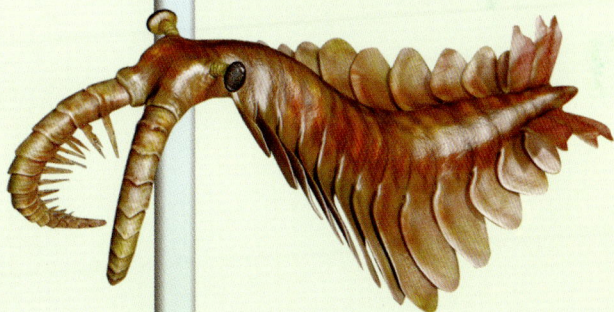

影响
　　生命形态在寒武纪时期出现爆发式发展之后，地球生命历史开始了崭新篇章。

科学难题
　　寒武纪生命大爆发的原因一直困扰着学术界，被国际学术界列为"十大科学难题"之一。

征服陆地

泥盆纪时期,硬骨鱼中的肉鳍鱼迈出了登上陆地的第一步,第一种成功适应了陆地生活的肉鳍鱼看起来外形怪异,而且行动缓慢,但这却是改变整个生命进化历程的重要一步。

分化

并不是所有肉鳍鱼都离开了水域,如今,仍有几个种类的肉鳍鱼生活在海水和淡水中。

两栖动物

原始的两栖动物最先适应了陆地生活,但它们需要回到水中产卵繁殖。

适应陆地生活

水生动物登陆后，它们的鳍逐渐进化成了腿，以适应陆地生活并加强行动能力。

呼吸

两栖动物既能用肺呼吸，也能用皮肤呼吸。

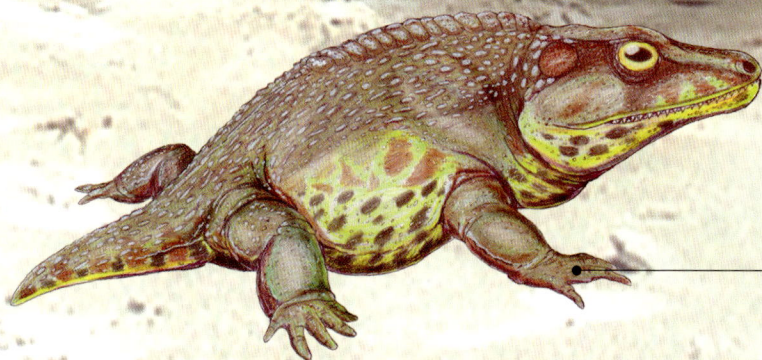

繁殖的威胁

原始两栖动物在回到水中产卵时，卵和幼体会被大量捕食，它们的繁殖受到了严重威胁。

19

古生代末期生物大灭绝

古生代末期，生物进化遭遇了重创，尚不明确的原因造成了地球上近50%的科、80%的属、95%的种级分类单元在一千万年的时间内灭绝，这就是生物历史上规模最大的一次灭绝事件。

灭顶之灾

古生代末期的大灭绝对海洋生物的影响最恶劣，海洋生物遭遇了毁灭性打击，其中约有96%的海洋生物在这次事件中灭绝。

大灭绝

在相对短暂的地质间隔范围内生物多样性的大规模丧失，被称为大灭绝。古生代末期的生物灭绝现象就是大灭绝的典型代表。

更新换代

大灭绝后，地球上的生物经历了一次更新换代，并向更高级的生命形态进化。

猜测

全球浅海区域大幅缩减造成的生存空间变小，或许是古生代末期生物大灭绝的重要原因。

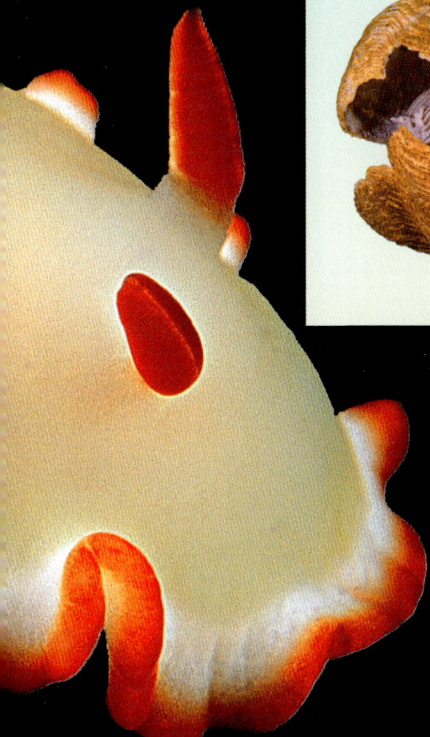

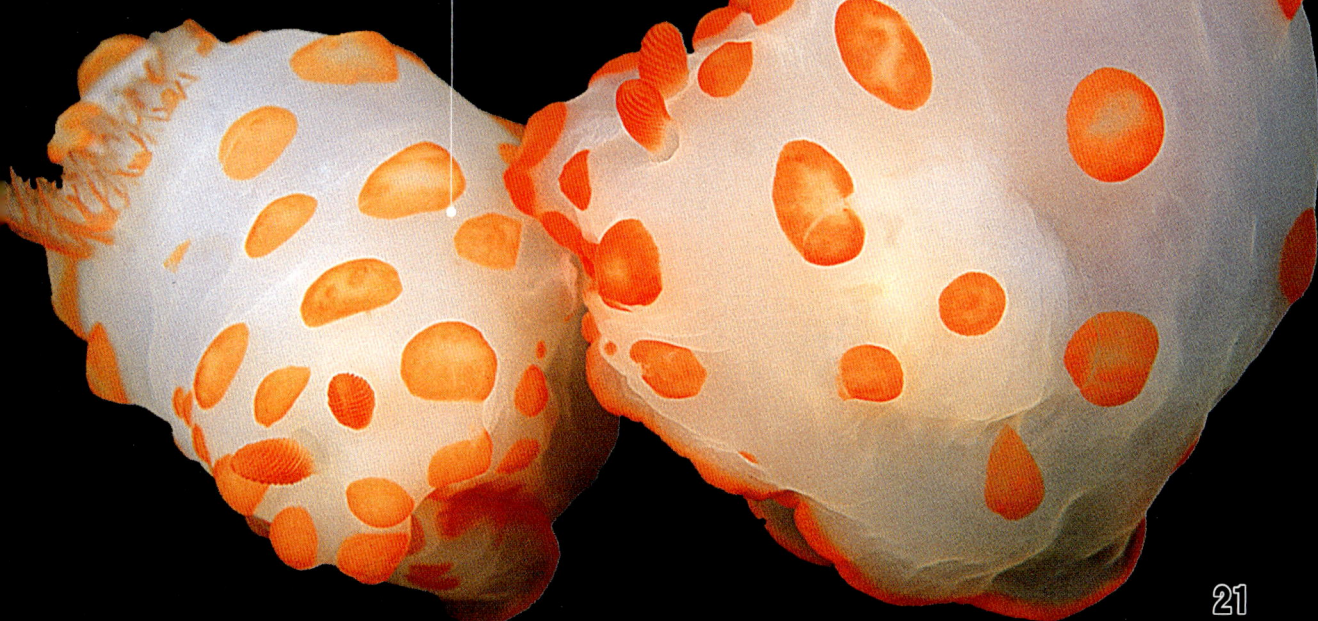

爬行动物兴起

　　在古生代末期生物物种大灭绝数百万年后，地球又恢复了生机,这一时期以爬行动物的空前繁盛为标志。爬行动物是第一批真正摆脱对水的依赖并且真正征服陆地的脊椎动物,同时,爬行动物也是统治陆地时间最长的动物，其主宰的中生代是整个地球生物史上最引人注目的时代。

生存优势
　　爬行动物的身体能最大限度地降低水分丧失,它们完全脱离水域,在干燥的陆地上生活。

身体特点

与两栖动物不同，爬行动物进化出了厚而干燥的皮肤。另外，爬行动物的呼吸系统已经能够独立地供应全身的氧需要。

卵壳

爬行动物的卵有卵壳保护，可防止水分散失，在陆地上也能孵化。

23

恐龙时代来临

距今约两亿三千万年前的三叠纪时期，中生代多样化优势陆栖脊椎动物——恐龙出现了。起初，这种动物比较罕见，但从侏罗纪开始，恐龙慢慢发展成了中生代陆地生物的霸主，恐龙家族也在白垩纪迎来了全盛时代。

早期恐龙

最早出现的恐龙是肉食性恐龙，它们体形较小，行动敏捷。

多样化

恐龙出现后便开始呈现出多样化的态势。

崛起

古生代末期生物大灭绝后，生态复苏，恐龙迅速崛起。

"恐龙时代"

整个中生代因为恐龙家族的空前繁盛被称为"恐龙时代"。

影响

恐龙的统治一直持续到了中生代末期，它们的存在对后期生命的进化有重要影响。

三叠纪

　　三叠纪是 2.5 亿至 2 亿年前的一个地质时代,介于二叠纪和侏罗纪之间,属于中生代的第一个纪,它的开始和结束各以一次灭绝事件为标志,但是开始和结束的准确时间还无法精确确定,有数百万年的误差。

标志

　　三叠纪以爬行动物的崛起,尤其是恐龙称霸陆地为主要标志。

翼龙

三叠纪中期，翼龙出现，并逐渐成为天空的统治者。

气候特点

三叠纪时期，沿海地区温暖多雨，广阔的内陆地区则炎热干燥。

恐龙的分类

恐龙可分为蜥臀目和鸟臀目两大族群。

恐龙出现

恐龙出现于三叠纪晚期，它们的适应能力较强。

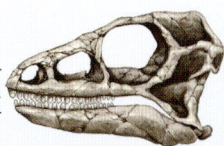

侏罗纪

　　侏罗纪是介于三叠纪和白垩纪之间的地质年代,是中生代的第二个纪,时间约从 2 亿年前至 1.44 亿年前。侏罗纪的地层最早发现于德国、法国与瑞士边界的侏罗山,于是,科学界就将这一地层所属的时期命名为侏罗纪。

高峰期

　　侏罗纪时期是恐龙发展的高峰期,经过发展,恐龙统治了陆地生态系统。

空中生物

　　空中生态系统在侏罗纪时期进一步完善,类鸟爬行动物成了翼龙的竞争者。

温度
　侏罗纪曾爆发全球性的温度上升。

全面发展
　在恐龙进化的同时，侏罗纪时期的其他动物类群也在快速进化。

大型化趋势
　恐龙在侏罗纪时期逐渐向大型化的方向进化。

进化
　原始哺乳动物向更高级的形态进化。

白垩纪

白垩纪是中生代的最后一个纪，始于1.44亿年前，结束于6 500万年前。白垩纪时期，生命演化经历了翻天覆地的变化，而发生在白垩纪末期的灭绝事件则成为了中生代与新生代的分界线。

达到极盛

在经历了侏罗纪时期的大发展后，恐龙家族在白垩纪时期达到极盛。

开花植物

白垩纪末期，开花植物出现了。

大灭绝

　　白垩纪末期，陆地生态系统的统治者——恐龙灭绝了。

31

恐龙的名字

　　1842 年，英国古生物学家理查德·欧文创造了
"dinosaur"这一名词，这一词汇是
由希腊文 deinos（恐怖的）和
saurosc（蜥蜴或爬行动物）组合而
成的。而我们所说的恐龙
是日本生物学家对这
一词汇的翻译。

恐龙的特性

恐龙是卵生动物，四肢直立于身体之下。

特征

恐龙的某些身体特征与蜥蜴类似，但它们并不是蜥蜴。

物种多样性

不同种类的恐龙有不同的外形和习性，这让恐龙家族变得丰富而多样。

发现

目前，世界七大洲都有恐龙化石出土。

恐龙的命名

目前发现的恐龙中,有根据发现地命名的,如山东龙、峨眉龙;有根据生活习性命名的,如慈母龙;有根据外形特点命名的,如鹦鹉龙、鸭嘴龙;有根据身体构造命名的,如腔骨龙、弯龙……

命名数量

目前,世界上已经被详细描述并被正式命名的恐龙有八百余种。

命名的意义

为新发现的恐龙命名可以区分不同种类的恐龙，还对有系统地研究和认识庞大的恐龙家族有重要的意义。

重复命名

如果出现重复命名的情况，古生物学界只会承认这种恐龙最先得到的那个名字。

探寻恐龙的足迹

目前，仍然有很多恐龙没有被人类发现，等待人类命名的恐龙还有很多很多。

陆地霸主

在遥远的中生代,恐龙曾经分布在全球各地。在当时爬行动物的四十多个类别中,恐龙只占其中的两类,恐龙并不是中生代物种中的大多数,还有比恐龙种类多得多的其他爬行动物、海洋生物等生存在中生代的地球上,但恐龙是中生代的标志性动物,是陆地上的优势群体。

差异化

不同种类的恐龙在漫长的进化过程中各自具备了不同的外形和习性。

空前繁盛

恐龙的快速进化在一定程度上反映了中生代生态状况的空前繁盛。

寿命

美国的一些学者发现了一只死亡时已经 120 岁的恐龙,这从侧面说明,恐龙可能很长寿。

栖息地

繁茂的植物为植食性恐龙提供了食物，同时也提供了绝佳的栖息地。

生存竞争

恐龙之间的生存竞争非常激烈。

适应能力

恐龙适应了中生代的环境，所以才有了快速进化的可能。

空中之王

爬行动物是在鸟类出现之前唯一在空中成功生活过的脊椎动物。中生代时期,非恐龙类爬行动物占据了天空,这类动物被统称为翼龙,主要包括喙嘴龙类和翼手龙类。

体态轻盈

大多数翼龙体态轻盈,能用特化的翅膀飞行。

分布

翼龙是最早出现的可以飞行的脊椎动物,分布在中生代世界各地的天空中。

出现

最早出现的翼龙只能滑翔,真正具备飞行能力的翼龙在三叠纪末期出现。

翅膀

翼龙的翅膀是由皮肤、肌肉和其他软组织组成的翼膜,它们的翅膀柔软而又结实,韧性很强。

食性特点

几乎所有的翼龙都是肉食性的,它们有的以昆虫为食,有的以鱼类为食,有的甚至食腐。

特化

翼龙的新陈代谢水平较高,这在爬行动物中是很特殊的现象。

平衡能力

翼龙小脑发达,它们可能有很好的平衡能力。

海洋领主

海洋爬行动物是中生代海洋中的顶级猎食者,种类和数量都比较多的是鱼龙,它们靠摆动尾巴获得前进的动力,捕食海中的小鱼,这与现今的海豚很像。长着长脖子的蛇颈龙不但猎食鱼类,而且还会利用长脖子在海底觅食软体动物。

竞争激烈

海洋面积广阔,食物充足,但生存竞争的激烈程度丝毫不亚于陆地。

海洋爬行动物

称霸中生代海洋的是从陆地迁居到海洋的爬行动物。

鳍状肢

大多数海洋爬行动物的四肢进化成了鳍状肢，这能增加划水能力，进而提高水下灵活性，方便避险和捕食。

呼吸空气

迁居到海洋的陆生爬行动物在体形上发生了很大的改变，但它们仍然需要浮出海面呼吸空气。

繁殖方式

部分海洋爬行动物需要回到岸上产卵繁殖，也有一部分海洋爬行动物可以直接在海水中产下幼崽。

呼吸系统

海洋爬行动物的呼吸系统发达、肺部较大，这可以保证它们在呼吸空气之后能在水中待较长的时间。

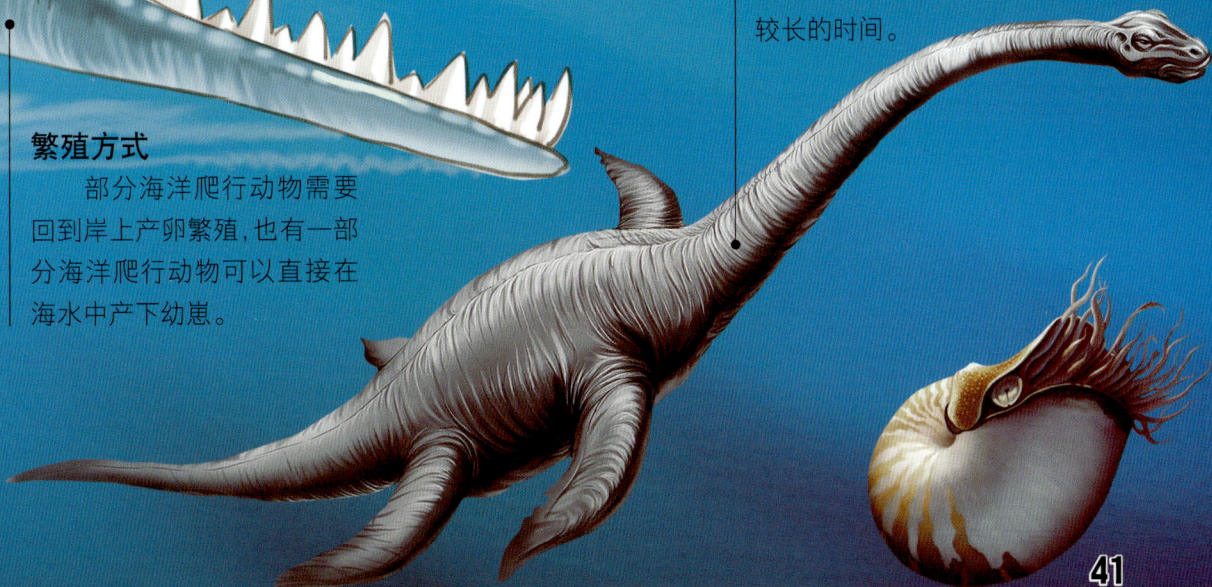

肉食性恐龙

　　肉食性恐龙大多性情残暴，任何一种它们对付得了的动物都有可能成为它们的食物。食物资源匮乏的时候，有些肉食性恐龙也会吃腐肉。但食腐只是它们适应环境的结果，这并不会改变它们的猎食习性。

体形

　　大型肉食性恐龙体长能超过十米，而最小的肉食性恐龙体长不足半米。

生存不易

　　肉食性恐龙与猎物几乎是同时进化的。因此，肉食性恐龙要想成功捕捉到猎物并不容易。

生活习性

一些肉食性恐龙有固定的领地，也有一些肉食性恐龙居无定所，它们时刻追踪迁徙的植食性恐龙。

爆发争斗

肉食性恐龙之间有时会爆发激烈的争斗，这可能是它们在争夺领地、配偶或食物资源。

43

尖牙和利爪

无论是大型肉食性恐龙还是小型肉食性恐龙，它们的嘴里都长满了尖锐的牙齿。而它们的前肢上一般也长有锋利的指爪。尖锐的牙齿和锋利的指爪几乎已经成为了它们力量的象征，是判定它们为猎食者的标志。

生存"武器"

尖牙和利爪是肉食性恐龙必备的生存"武器"。

优势

小型肉食性恐龙能凭借速度和群体优势来捕杀猎物。

"陆地生物终结者"

恐龙是中生代地球的统治者，而肉食性恐龙更是称霸中生代，它们处于食物链的顶端，是当之无愧的"陆地生物终结者"。

大打出手

为了争抢食物，肉食性恐龙之间可能会大打出手。

咬合力

    大型肉食性恐龙的咬合力一般较大，能够避免口中挣扎的猎物逃脱。

牙齿

    修长锋利的牙齿适合捕杀大型猎物，而紧密尖细的牙齿则适合捕食昆虫和鱼。

捕猎

    捕猎时，肉食性恐龙会与猎物展开速度的角逐和耐心的比拼。

植食性恐龙

植食性恐龙在恐龙族群中占大多数，对于植食性恐龙来说，植物资源的丰富程度在一定意义上决定了植食性恐龙家族的繁盛程度，所以，当地球上气候适宜、植物大量生长的时候，植食性恐龙家族的足迹也开始遍布世界各地。

食量

大型植食性恐龙为了维持身体能量需要，需要吃掉大量植物，所以，它们的觅食时间很长。

大块头

蜥脚类恐龙是一种大型植食性恐龙，它们是恐龙世界中的巨无霸。

大脑

　　植食性恐龙的大脑一般不发达，它们的聪明程度有限。

抵御猎食者

在面对肉食性恐龙的攻击时，一些植食性恐龙会选择消极的防御方式——逃跑，但大多数情况下，逃跑是不可能的。它们必须正面面对肉食性恐龙。有时，为了占据优势，植食性恐龙还会主动发起攻击。

挥尾御敌

有的植食性恐龙长着长尾巴，可以给来犯的猎食者猛烈一击。

重要意义

只有成功抵御猎食者的进攻，植食性恐龙才有生存下去的机会。

坚硬的盾甲

一些植食性恐龙长有坚硬的盾甲，让猎食者无从下口。

反击

植食性恐龙的反击可能会让那些贸然进攻的猎食者付出沉重的代价。

49

杂食性恐龙

在目前已知的恐龙中，除了肉食性恐龙和植食性恐龙之外，还有一小部分杂食性恐龙。因为杂食性恐龙的种类并不多，所以这种不挑食的习性在恐龙中还是比较少见的。古生物学家并不是凭空想象出中生代的地球上存在杂食性恐龙，他们是根据已发掘的恐龙化石中的残留食物、牙齿化石，以及其他特性判定杂食性恐龙的存在的。

身体特点

多数杂食性恐龙体形纤细，能以后足行走或快速奔跑，并能利用灵活的前肢辅助进食。

不挑食

杂食性恐龙的食性较杂，对食物的选择较多。杂食性恐龙能够以植物为食，同时又能以小型动物或其他动物的卵为食。

消化系统

杂食性恐龙的消化系统进化程度较高，能够适应植食和肉食两种进食习性。

生存优势

食物资源短缺时，杂食性恐龙比其他食性的恐龙更容易填饱肚子。

所属类别

杂食性恐龙都属于兽脚类，它们是从兽脚类恐龙中进化出来的。

51

求偶方式

对于恐龙来说，找到强壮且健康的配偶是保证物种延续的重要前提。雄性恐龙为了求偶想尽办法，不同的恐龙也有着不同的求偶方式。亿万年前的动人"爱情"就这样展开了。

求偶方式

一些种类的恐龙会利用角、冠饰、棘刺、尾羽等奇特的身体特征吸引异性。也有很多恐龙通过搏斗、发声等方式展示强壮的身体，以此博得异性欢心。

强壮的身体

强壮的身体意味着较强的觅食能力，所以强壮的恐龙在繁殖季节更受欢迎。

求偶时间

　　恐龙的求偶行为一般发生在最温暖的季节之前，以保证蛋可以在温暖季节孵化。

哺育后代

恐龙是一种卵生动物,不过,由于恐龙家族庞大,种类繁多,不同种类的恐龙产蛋方式有很大的区别,甚至同种恐龙在不同地域也会有不同的产蛋方式。

孵蛋方式

有些恐龙产完蛋后依靠阳光照射使蛋自然孵化,也有些恐龙会直接孵蛋。

哺育方式

多数植食性恐龙在孵化后会跟随群体生活,并自主觅食,而肉食性恐龙则需要成年恐龙喂食。

蛋壳

　　坚硬的蛋壳能够很好地保护正在孵化中的小恐龙。

群体优势

　　在群体中孵化的恐龙更容易存活下去。

不负责的"妈妈"

　　有些种类的恐龙会在产蛋后一走了之，留下蛋自行孵化。

捕食

　　肉食性恐龙会捕捉小型猎物供后代食用。

恐龙的交流方式

恐龙可能会利用声音、行为、展示物进行交流，此外，恐龙可能还会通过互相触碰或摩擦身体来增进"友谊"，也可能会通过不同个体之间的不同气味进行交流。

声音交流

声音交流可能是恐龙常用的交流方式,因为声音是最直接、最方便、最能明确传达信息的交流方式。

展示物

展示物可以达到炫耀、威胁等作用,是一种无声的交流方式。

恐龙的体形

中生代是恐龙的时代，各种各样的恐龙占据着陆地生态系统的优势地位，它们是陆地上的绝对霸主。从身长几十米的植食性恐龙，到身长一米左右的肉食性恐龙，大大小小的恐龙共同在中生代的大地上进化着，每一种恐龙的体形都各有特点，而且它们也都有各自的生存绝招。

大型化趋势

在经历了漫长的进化后,很多恐龙进化出了庞大的身躯,例如迷惑龙,它们抬起头有五六层楼那么高。

大小不一

在大型恐龙横行天下的时候,也有很多小型恐龙生存在地球上,它们也是恐龙中的重要一员。

食物链

紧密的食物链关系让体形不同的恐龙之间的生存竞争更加激烈。

自然选择

不同恐龙因为习性、生存地域、食物资源丰富程度的不同而进化出了不同的体形,这是恐龙适应自然选择的结果。

小型恐龙

小型恐龙被捕食的风险较大，但它们行动敏捷，且食量较小，不必长时间外出觅食。

大型恐龙

大型恐龙身强体壮，它们的生存威胁较小。但是，大型恐龙的食量较大，所以它们面临较大的觅食压力。

影响因素

恐龙的体形受到多种因素影响，如遗传、气候、环境、栖息地食物资源丰富程度等因素。

恐龙的智力

古生物学家研究后发现,恐龙的智力可能并不像人们想象得那么低。可以肯定的是,不同种类的恐龙在智力上存在差异。

高智商恐龙

高智商恐龙在激烈的生存竞争中更有优势,因为它们可能会采取更聪明的办法获取食物。

推测

肉食性恐龙的智力可能高于植食性恐龙。

大脑比重

恐龙的大脑所占身体比重直接影响恐龙的智力,恐龙大脑所占身体的比重越大,其智力就越高。

影响

恐龙的智力高低在很大程度上影响着它们对环境的适应能力和生存能力。

影响因素

　　受到环境、天气、食物资源、自然灾害等因素的影响,恐龙个体之间的智力存在较大的差异。

恐龙的骨骼

　　与大多数动物一样,恐龙的骨骼有一个非常重要的作用,那就是支撑身体。很多恐龙身躯庞大,只有骨骼系统足够强壮,才能够支撑巨大的身躯。而一些小型恐龙只有骨骼强韧,才能保证敏捷性。另外,骨骼是否发达,也在一定程度上决定了恐龙的行动能力。

保护器官

　　恐龙的骨骼是保护身体内部器官免受撞击损伤的重要保护屏障。坚硬的骨骼可以在一定程度上抵抗挤压的力,保护身体器官。

骨骼化石

　　恐龙的骨骼在被掩埋后,会在高压和隔绝氧气的环境中逐渐石化,最后形成化石。

辅助运动

　　骨骼为肌肉和韧带提供附着的基础,是运动的基本保证。

线索

　　恐龙骨骼化石是人们研究恐龙的重要线索。

复原

古生物学家能够根据恐龙的骨骼复原它们的外形。

代谢功能

恐龙在生长的过程中，骨骼中会储存大量的微量元素，参与体内的新陈代谢。在恐龙停止生长或身体营养摄入不足时，骨骼中的微量元素就会被利用。

支撑

如果没有骨骼，恐龙的身体会变得"软绵绵"的，即便是再强壮的肌肉也无法发挥应有的作用。

灵活性

恐龙骨骼的灵活性会随着恐龙体形的增大而降低，这是因为大型恐龙的骨骼大而重，无法快速运动。

骨骼延伸物

一些恐龙长有骨骼延伸物，如角冠、鼻角等。这些延伸物大多很坚硬，有的具有防卫和攻击功能，有的还有炫耀功能。

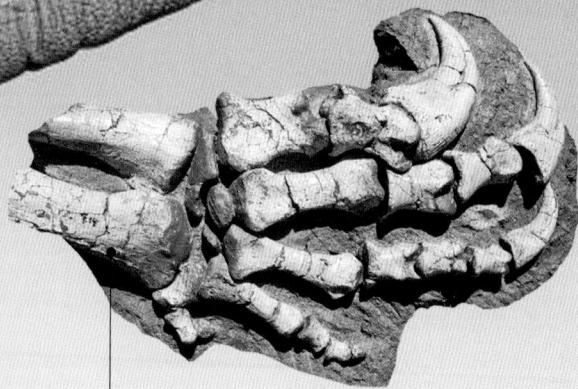

恐龙的感官

　　恐龙的感官主要由眼睛、耳朵、鼻子、舌头、皮肤等感觉器官组成。恐龙的感官能力是否很强我们不得而知，但可以确定的是，恐龙的不同感官都有无可替代的重要作用。

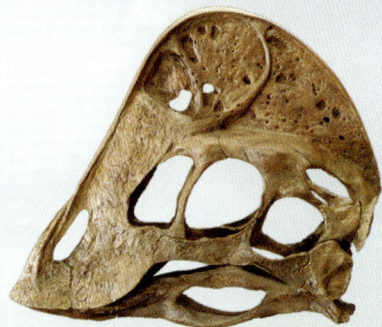

重要作用
　　恐龙时代竞争激烈、危机四伏，灵敏的感官对恐龙的生存和繁衍有重要作用。

嗅觉
　　灵敏的嗅觉有助于觅食。

恐龙的耳朵 »»»

　　恐龙没有明显的、突出体外的耳朵，但它们有听觉器官，即位于头部两侧的两个小洞。一些恐龙可能具有敏锐的听觉。

恐龙的皮肤

皮肤是保障恐龙正常生存必不可少的身体器官，皮肤可以保护身体内部柔软的组织，也可以防止体内水分蒸发，调节自身温度。

皮肤厚度

恐龙的皮肤可能很厚，可以防止蚊虫的叮咬，也可以在进攻或防御中使皮肤不易被划破，从而保护自身的安全。

皮肤特性

恐龙的皮肤较粗糙，但是有较好的韧性和延展性。

恐龙的颜色

目前,古生物学家还无法确定恐龙的颜色,因为即便有一具保存极为完好的恐龙化石可供研究,其皮肤也可能早在几百万年前就已经褪色了。古生物学家正在从生态环境的影响、与现生近似动物的比较等方面着手,研究恐龙的颜色。

不同的观点

恐龙的颜色可能是暗淡的,这样可以增强隐蔽性;恐龙的颜色也可能是艳丽的,这样可以吸引异性。有些古生物学家甚至认为,有些恐龙会改变体色。

性别差异

同一种类的恐龙中，不同性别的恐龙可能会有显著的色彩差异。

吸引雌性

雄性恐龙的皮肤或许更艳丽，这样能更好地吸引雌性恐龙注意。

花纹或斑点

恐龙的皮肤上可能有花纹或斑点。

恐龙时代的终结

两亿多年前，爬行动物空前繁盛，恐龙成为了陆地的霸主，而大陆也第一次被脊椎动物统治。在白垩纪末期的灭绝事件之前，一些恐龙种群就已经灭绝了，但这并没有影响到恐龙的霸主地位。直到中生代末期，恐龙王国覆灭了。恐龙这一庞大的族群退出了生命演化的舞台。

"遇难者"

在白垩纪末期的大灭绝事件中，除恐龙外，地球上约有 66% 的物种灭绝，另外，还有很多植物绝迹。

长期过程

恐龙并不是在短时间内灭绝的，从物种开始减少到完全绝迹，恐龙的"生存战斗"一共持续了两千多万年。

灭绝事件

　　地球生态系统共经历过五次大灭绝，分别发生在奥陶纪末期、泥盆纪末期、二叠纪末期、三叠纪末期和白垩纪末期，而恐龙的灭绝事件就发生在白垩纪末期。

灭绝过程

　　植食性恐龙可能是最先灭绝的，肉食性恐龙随后因缺少食物而灭绝。

中生代结束

　　白垩纪末期的灭绝事件造成了恐龙等很多生物的灭绝。至此，中生代结束。此后，地球进入了新生代时期。

小行星撞地球

目前，关于恐龙的灭绝原因存在多种假说，但最流行也是被大多数人承认的是小行星碰撞学说。科学家推测，6 500 万年前，一颗直径超过 10 千米的小行星撞向地球，并引发全球规模的自然灾害，进而导致全球环境突变，最终，恐龙因无法适应这种环境而灭绝了。

连锁反应

科学家推测，小行星撞击地球引起的连锁反应，如气温升高、板块运动加剧等，是恐龙灭绝的直接原因。

暗无天日

小行星撞击的冲击波激起大量粉尘，导致地球长时间暗无天日。

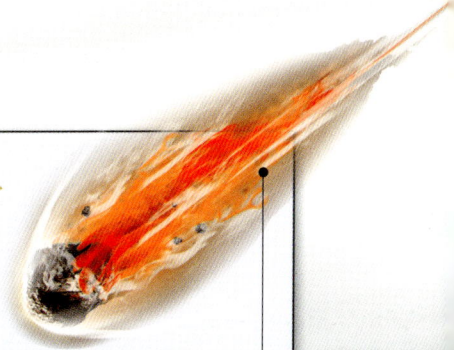

证据

地质学家曾在白垩纪地层中发现了大量的铱元素，只有"天外来客"中才含有如此高浓度的铱元素，这成为了小行星撞击学说的又一有力证据。

穷途末路

或许在小行星撞击地球后，恐龙曾经聚集在受影响较小的地区内，求得最后的生存机会。

火山喷发

有科学家认为，火山喷发是恐龙灭绝的根本原因。火山喷发时，大量的火山灰被抛向空中，几年内都没有散尽，进而导致太阳光被遮挡，地表光照不足、植物枯萎。恐龙最终在气温降低、食物减少的环境中灭绝了。

次生灾害

火山喷发的大量有毒气体会破坏臭氧层，使地球处于紫外线照射和有害气体笼罩的环境中。

大规模喷发

能够导致全球生物大灭绝的火山喷发是要具备相当大的规模的，如果火山喷发真是恐龙灭绝的元凶，那么当时可能爆发了全球规模的火山喷发。

气候骤变

在气候骤变理论中有两种不同的观点：一种观点是气候变热导致散热缓慢的恐龙无法适应而灭绝；另一种观点是气候变冷使陆地变得干旱，恐龙因食物资源减少而灭绝。目前，科学家还无法确定当时的气候是变热了还是变冷了。

季节变化

在恐龙灭绝之前，板块运动就已经造就了地球上的季节变化。

影响

气候变化会先改变植物面貌，进而影响恐龙的食物资源。

缓慢进程

气候变化虽然缓慢，但对恐龙影响巨大。

性别比例
　　气候的改变可能会导致恐龙
繁殖过程中的性别比例失调。

影响体温
　　气候的骤变可能会引
起恐龙体温的变化，体温
调节能力不强的恐龙因此
遭遇了灭顶之灾。

食物中毒

白垩纪时期,被子植物出现,并不断抢占裸子植物的生存空间。植食性恐龙在食物不足时开始进食被子植物,其体内积累了大量无法消化的毒素,最终毒发死亡;而肉食性恐龙猎食了中毒的植食性恐龙后,也无法避免死亡的命运。

被子植物

被子植物会通过开花授粉的方式孕育种子,这是被子植物与裸子植物的明显区别。

恐龙的主要食物

恐龙长期以裸子植物为食,新出现的被子植物并不适合它们食用。

有待研究

  科学家曾试图找到被子植物中的哪种物质导致了恐龙中毒,但这项研究目前还没有取得显著进展。

物种争斗

　　如果某一种恐龙在物种争斗中占据绝对优势，就会经历膨胀式发展，久而久之，物种比例就会失衡，这可能会破坏食物链关系，致使生态系统崩溃，恐龙也可能因此灭绝。

生态失衡

　　进化的狂潮使恐龙之间的生存竞争达到了巅峰，物种争斗可能打破环环相扣的生态平衡，最终导致恐龙灭绝。

生态平衡并非一成不变，打破和建立的过程周而复始，生命才有了不断进化的可能。

自然选择

物种灭绝、新物种出现是自然选择的结果。

综合原因

　　很多研究人员认为，推动恐龙灭绝这一复杂进程的，应该是多方面因素共同作用的结果，可能是频繁或同时出现的火山喷发、陨石坠落等突发性灾难和气候变化、食物资源减少等缓慢灾难，将恐龙族群推向了灭绝的境地。

合理性

综合原因能从多个角度解释恐龙灭绝的疑团，更全面、更有说服力。

根本原因

无法适应新环境或新变化，是恐龙灭绝的根本原因。

缓慢过程

白垩纪末期的灭绝事件爆发两千万年后，恐龙才完全从生物演化的舞台上消失。

争论仍在继续

    在人们对恐龙的认识还没有积累到可以破解恐龙灭绝之谜前,关于恐龙灭绝原因的争论还会继续进行下去。无论恐龙灭绝的真正原因是什么，地球已经保留下了那个年代的记忆,而谜底也正等着人们去揭晓。

探寻恐龙灭绝之谜对于了解地球生命进化历程有重要意义。

探索之路

恐龙灭绝的假说很多，但我们距离真相还很遥远。

恐龙化石

保存完好的恐龙尸体被泥沙掩埋后，尸体中的有机质会在随后的岁月中被分解殆尽，而骨骼、牙齿等坚硬的部分在高压与缺氧的地层中经过长时间的沉积和石化作用后，会与周围的沉积物一起变成石头，这就是恐龙化石。

数量稀少

恐龙的数量虽然很多，但是，能够形成并留存至今的恐龙化石并不多。

基础条件

恐龙尸体需要尽快被掩埋，才有可能形成化石，否则，恐龙全身任何部位都会风化、分解。

化石研究

　　较完整的恐龙化石能够反映恐龙生前的身体形态，而对于破碎的化石，古生物学家需要与其他恐龙或现今动物比较，才能推测其外形特征。

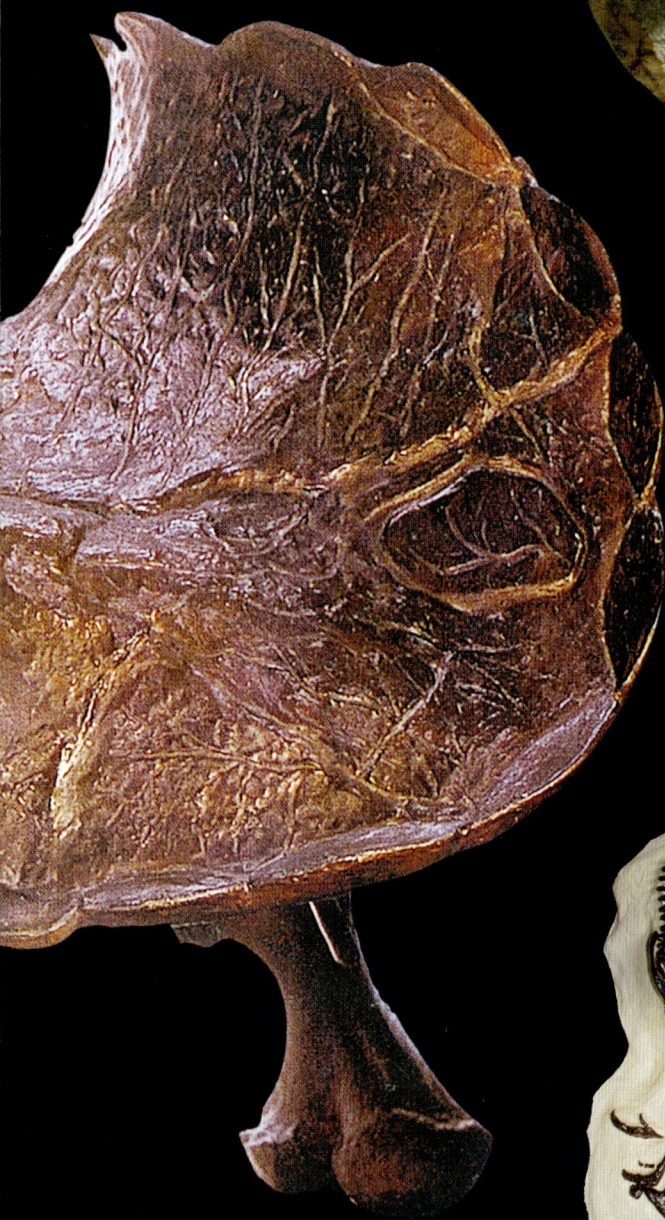

保护工作

　　因人类研究而遭破坏的恐龙化石不在少数，被发掘出的恐龙化石需要精心保护才能够继续保存下去。

特殊的化石

　　不仅仅只有恐龙骨骼能变成化石，恐龙蛋、脚印、粪便、皮肤印痕等生存遗迹也可能会在沉积作用中形成化石。

词汇表

熔岩：从火山口或裂缝中喷溢出来的高温岩浆，也指这种岩浆冷却后凝固成的岩石。

板块：地球岩石圈被海岭、海沟等构造分割成的大块岩石。

沉积：水流、风等流体在流速减慢时，所挟带的沙石、泥土等沉淀堆积起来。

分子：物质中能够独立存在并保持本物质一切化学性质的最小微粒。

原始：最初的；最古老的。

肉鳍鱼：此类鱼的鳍中有一根中轴骨，绝大多数种类已灭绝。

灭绝：地球上曾经存在过的物种完全灭亡。

脊椎动物：有脊椎的动物，这类动物一般身体左右对称。

生态系统：生物群落中的各种生物之间，以及生物和周围环境之间相互作用构成的整个体系。

族群：指在同一时间同一地区同一种生物所形成的团体。

描述：形象地叙述，古生物研究中指客观地还原研究对象的过程。

优势群体：生态系统中占据优势地位的生物物种。

御敌：抵御敌人。

卵生动物：从脱离母体的卵中孵化出来的动物。

命名：授予名称。

皮肤：身体表面包在肌肉外部的组织，有保护身体、调节体温、排泄废物等作用。

自然选择：生物在自然条件的影响下发生变异，适应自然条件的生物可以生存、发展，不适应自然条件的生物被淘汰。

适应能力：能够在周围环境中生存的能力。

石化：物质变成岩石的现象，如动植物遗骸变成化石。

感官：感觉器官。

臭氧层：地球大气层中臭氧浓度最高的一层，距地面 20~25 千米。

成年：指高等动物或树木发育到已经长成的时期。

冠饰：某些种类动物头上长有的形状像帽子的突起。

翅膀：昆虫和鸟类等动物的飞行器官。

陨石：流星体经过地球大气层时，没有完全烧毁而落在地面上的含石质或全部是石质的物体。

88